JN112246

花をそだてて じーっとかんさつ

オシロイバナをそだてたら

かんさつのヒント！（この本に出てくるマーク）

じーっと見てみよう！

ぐぐぐっとちかづいて見たり、ちがうむきから見たりしてみよう！　なにかはっけんがあるかもしれない。

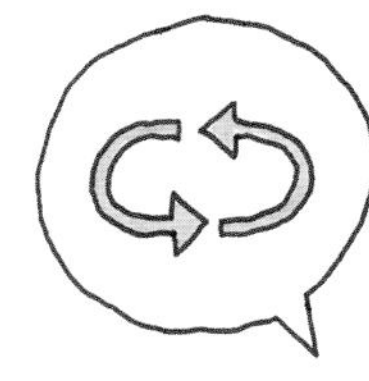

くらべてみよう！

べつの日のようすとくらべたり、ほかのしゅるいとくらべてみよう！　写真をとって、ならべて見るのもいいね。

考えてみよう！

どうしてこうなっているのかな？　このあと、どうなるのかな？　そうぞうしたり、しらべたりして、考えてみよう。

やってみよう！

中はどうなってるの？　こうしたら、どうなるの？　気になったら、ためしてみよう！

オシロイバナをそだてて、かんさつしよう

植物は、根をおろしたばしょからうごかず生きています。あちこちうごきまわって生きるわたしたちからすると、とてもふしぎですよね。植物はいったい、どのようにして生きているのでしょうか。

それを知るためにおすすめなのが、じぶんで植物をそだててみること。にわやベランダでたねまきをすれば、毎日、そだつところをかんさつできます。ちかづいて見たり、さわったり、においをかいだりしていると、植物のことが少しずつわかってきます。

たとえば、この本でしょうかいするオシロイバナは、高さが70センチから1メートル、よこはばが50センチから1メートルほどに成長します。草としては大きいので、家でそだてるなら小さなうえきばちではなく、大きなプランターをよういします。はじめにこんなことを知っていれば、どこでオシロイバナをそだてればいいか、たねまきのまえに考えておくことができます。

ただ、じっさいにそだててみると、わからないことがたくさん出てきます。そこでこの本で、まず、わたしがそだてたオシロイバナのようすを見てみてください。そのつぎに、みなさんなりのくふうでそだててみてほしいです。

もしとちゅうでかれてしまっても、だいじょうぶ。そうなったら、「しっぱいした」ではなく、「どうしてかな」と考えてみてください。うまくそだてることよりも、楽しむことをだいじにしながら、やってみましょう！

鈴木 純（植物観察家）

植物観察家は、まちなかや家のまわりの植物に、ぐぐっとちかづき、じーっとかんさつして楽しむ人のこと。草木や花のことを知りたいって思ったら、きょうからきみも植物観察家！

そだてるのに　ひつようなもの

● プランター

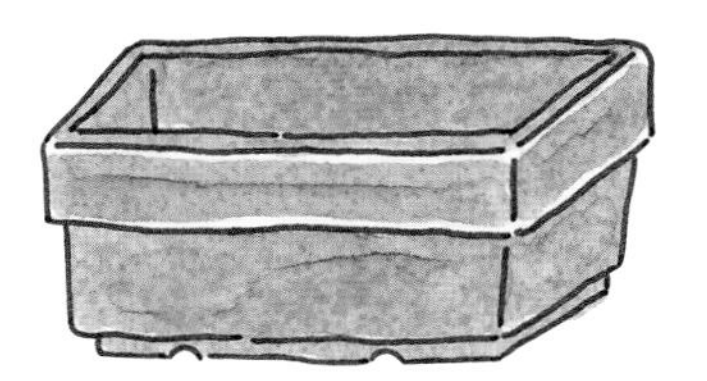

オシロイバナは大きく
そだつので、大きめの
プランターがおすすめ。

● じょうろ

● ばいよう土

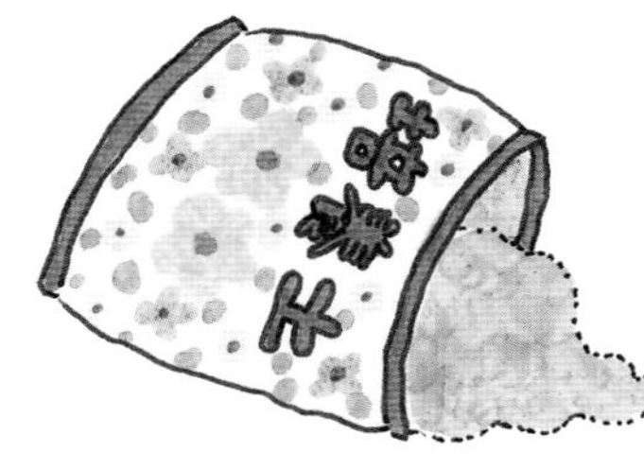

植物がそだつのに、
だいじな栄養が
入っている土。

● スコップ

かんさつに　つかうもの

● 虫めがね

● ひっきようぐとノート、かんさつカード

オシロイバナって、こんな植物

とくちょう

▶「オシロイバナ科オシロイバナ属」というグループの植物です。

▶たねや花であそぶことがよくありますが、じつは有毒植物なので、口に入れないようにしてください。

▶たねまき：4月～5月

▶花がさく：6月～9月

▶みがなる：7月～10月

5月1日

1日目

オシロイバナをうえよう。

オシロイバナのたねは、黒くてちょっとしわしわ。かたい手ざわりです。

たねに土をかぶせて、めが出るまでまちます。

うえかた

①プランターにたっぷりばいよう土を入れる。
②ゆびで土をへこませて、たねを２～３つぶずつまく。
③たねの上に、１センチほど土をかぶせる。
④じょうろでたっぷり水やりをする。

5月15日
3週目

たねがわれて……めが出た！

まいたたねがパカっとわれて、その間から、
みどりのはっぱがのぞいています。

5月17日
3週目

はっぱが2まい、ひろがった。

このさいしょに出てくるはっぱを、**子葉**といいます。

このとき、土の中は
どうなっているんだろう？

土の中？？

ほりおこして、ねっこを見てみよう！

オシロイバナをうえて、めが出て、はっぱがひらきました。
そのとき土の中でどんなことがおきているかたしかめるために、ほりおこしてみます。

はっぱがひらいたころに、土からほりおこしてみると……

はっぱよりも長く、ねっこがのびています。

では、はっぱがまだひらいていないときは、どうでしょう？

やっぱり、ねっこが長くのびています。

じゃあ、まだ土から
ほとんど出ていないときは、
どうかな？

ほってみよう！

まだほとんど土から出ていませんが……

なんと、もうすでにねっこが長くのびていました。

ふだん、あまり見ることはありませんが、植物はたねからめを出すときに、土の上にはっぱを出すよりも先に、土の下にねっこをのばしています。
まずはしっかりとじめんとつながることが、植物にはとてもたいせつなことのようです。

さて、
かんさつにもどろう

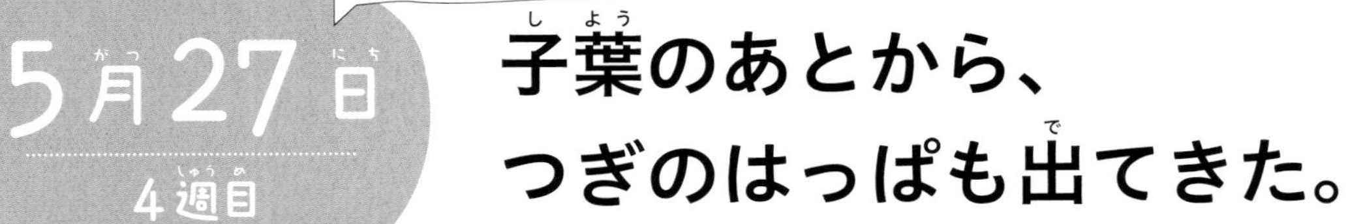

5月27日
4週目

子葉のあとから、つぎのはっぱも出てきた。

上から見ると、こんなふう

上から見ると、はっぱが1まい1まい、かさならないように出ていることがわかります。
5月のなかばにめが出てから、しばらくあたたかくならなかったので、子葉（→6ページ）のつぎのはっぱが出るまでに少し時間がかかりました。

6月16日
7週目

少しくきがのびてきた。

くき

ねっこがのびて、
子葉がひらいて、はっぱが出て、
くきがどんどん
のびていくんだね！

6月26日
9週目

くきの先にちかづいてみると……

小さな、あたらしいはっぱ！

こんなふうに、くきの先っぽからぞくぞくとあたらしいはっぱが出てきています。
オシロイバナはこうしてくきを高くのばしながら、はっぱのかずをふやしていきます。

朝と夕方、
オシロイバナをかんさつしていたら、
気がついたことがあったんだ

どんなこと？

オシロイバナのはっぱは、
ひらいたり、
とじたりしているんだよ！

うごいてるの!?

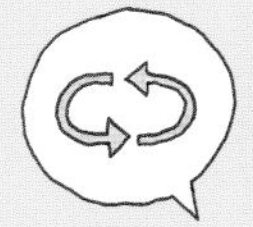

朝と夕方で、オシロイバナのはっぱをくらべてみよう

朝9時ごろ

くきのてっぺんのはっぱが、太陽のほうをむいてひらいています。

夕方5時30分ごろ

少し、はっぱがとじてきました。

夜7時ごろ

ぴたっととじて
しまいました。

どうやら、オシロイバナは昼間ははっぱをひろげて、夕方になるとはっぱをとじているようです。
なんのためにこんなふうにうごいているのかはわかりませんが、うごかないとおもっていた植物が、じつはうごいているということが、かんさつするとわかりましたね。

7月11日
11週目

ずいぶんくきがのびて、はっぱもふえた。

ひとつの**かぶ**が、ずいぶん大きくなってきました。このころには、高さ67センチ、よこはばは50センチぐらいにそだちました。

オシロイバナは、大きくなると高さ1メートル、よこはばも1メートルほどにもなるんだよ！

ひとつのたねからできた植物のぜんたいを、「かぶ」とかぞえます。

7月11日
11週目

くきの先を見ると……
小さなつぼみがついていた。

たくさんついてるね！
なんこあるんだろ？

オシロイバナは、
ひとつのかぶに
たくさん花をさかせるんだ

7月13日
11週目

つぼみは、少しずつ大きくなる。

7月20日
12週目

だんだん、色もかわってきた。

7月31日

14週目

花がさきはじめた。

少しだけ色づいたつぼみもあります。

まん中のかぶのてっぺんに、こいピンク色の花が見えました。
まわりには、色がかわりはじめたつぼみや、まだ小さなつぼみもあります。

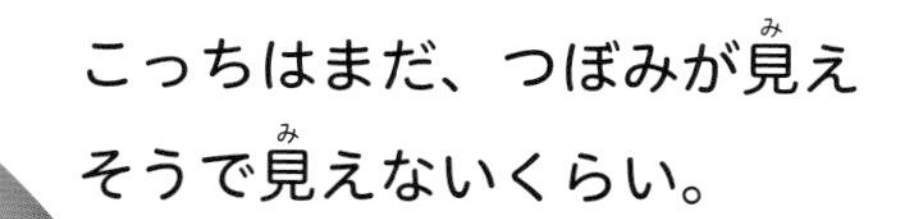

こっちはまだ、つぼみが見えそうで見えないくらい。

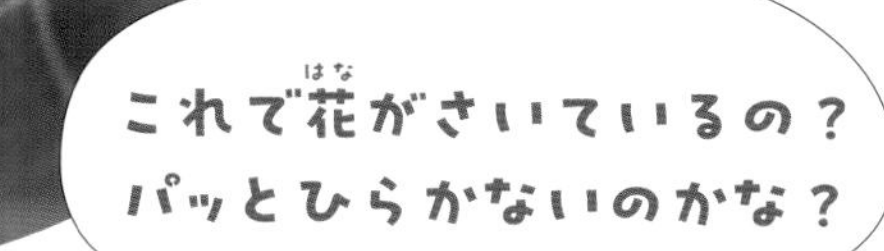

オシロイバナがひらくようすをかんさつしよう

オシロイバナの花は、ひらく時間がきまっています。
地いきや天気などによってかわりますが、
だいたい、夕方4時ごろから花がひらきはじめます。

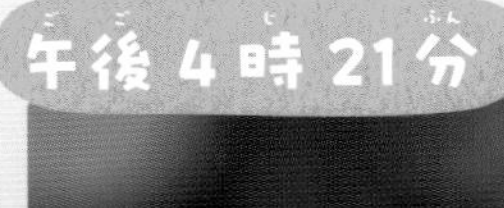

午後4時21分

午後5時1分

午後5時8分

午後6時16分

午後6時55分

午後7時19分

ひらいた！

まだまだ、
ここからがおもしろい。
おしべとめしべに
注目してごらん！

午後5時14分

午後5時41分

午後8時56分

午前0時26分

午前3時12分

わわわ！
なんだか黄色の
つぶつぶが！

おしべの先から
出ているのは、花粉だよ。
オシロイバナは、
まずは花をひらき、
おしべとめしべを
のばしてから、
おしべから花粉を
出すんだ

こうして、オシロイバナは夜に花をさかせている。

わー、きれい！

あま～いにおいもするね！

オシロイバナは、花をさかせるときに、あまいかおりをただよわせます。そのかおりにつられて、夜にかつどうするガのなかま（スズメガ）がやってきて、おしべから出る**花粉**をほかの花へとはこぶのです。おしべの花粉がめしべにつくことを**受粉**といい、受粉すると、みができます。

オシロイバナがしぼむようすも、見てみよう。

オシロイバナが花をとじるときには、ひらくときとはんたいに、
おしべとめしべをじょうずにおりたたみながら、花をとじていきます。

午前7時16分

午前7時39分

午前8時00分

午前8時20分

午前9時29分

午前10時50分

オシロイバナの花がひらくと、おしべの先から花粉が出ます（→ 18-19ページ）。そのとき、スズメガが花粉をはこんで受粉できればいいのですが、はこばれないうちに花がとじることや、まちなかではガがこないこともあります。でも、だいじょうぶ。とじるときに、おしべとめしべをくるくるとおりたたみながら花の中にしまうので、じぶんの花のおしべの花粉が、めしべにくっついて、受粉できるのです。

動画で
かんさつ

オシロイバナ
じっけんしつ

オシロイバナの花であそぼう

オシロイバナの花は、夕方にさいて朝にはしぼんでしまいますが、
またつぎつぎとあたらしい花をさかせます。
その花で、こんなあそびができます。

じっけん❶ パラシュート

花をひとつ、みどり色のところのつけねからとります。

みどり色のところをもって、そっとひっぱります。

!!

なんか糸みたいなの、出てきた！

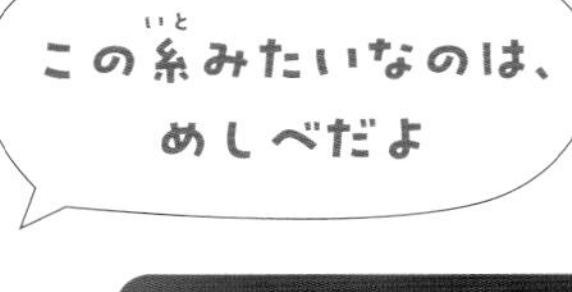

みどり色のところがめしべでつながっているので、こうしてひきだせるというわけです。ピンク色のところがパラシュートのかさに、みどり色のところがおもりになります。

このまま上にほうりなげると、ひらひらおちてくるパラシュートに！

じっけん❷ 色水あそび

花をあつめてビニールぶくろに入れます。

そこに水を入れて、手でもみます。

色水のできあがり！

オシロイバナには、ピンク、白、赤、黄色などさまざまな色があるので、黄色の花でつくれば、黄色い色水ができます。

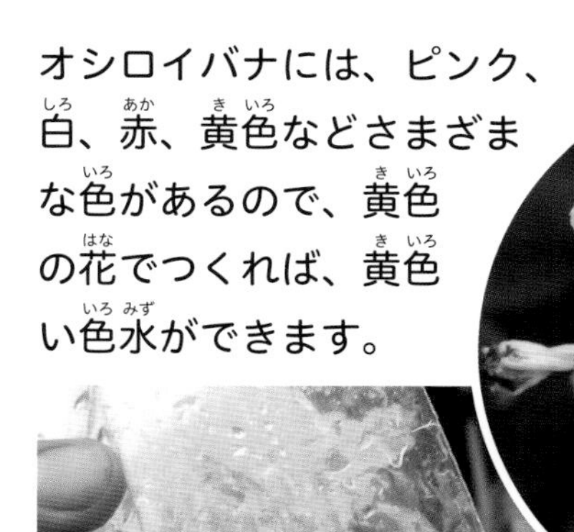

さて、
かんさつにもどろう

さきおわったオシロイバナはどうなるか見ていると……

花がぽとんとおちてしまった。

つぼみみたいなものが
のこってるね

22 ページの
パラシュートで
つまんでひっぱった
ところだ！

これは、オシロイバナのみ。
この中には、たねのもとが入っています。

このひらひらしたみどり色のものの中には、小さな玉（たねのもと）があります。やがてここがそだって、みとなり、たねとなります。

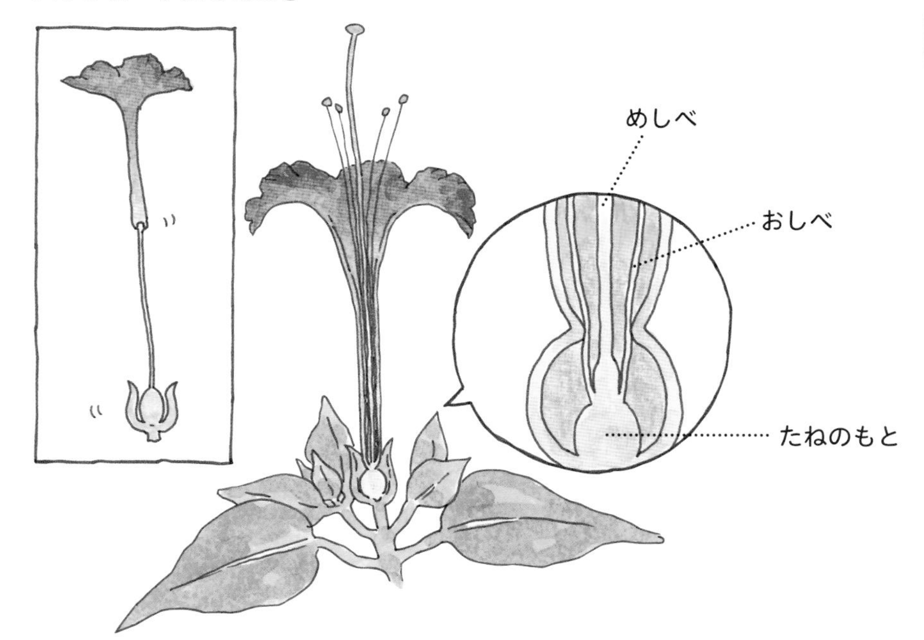

たねのもとと、
オシロイバナの
めしべがつながっているんだ。
パラシュートにしたときには
めしべの先っぽが
ひっかかっていたんだね

みがどうなっていくか、かんさつしてみよう

7月のはじめに花をさかせはじめたオシロイバナは、9月になるまでずっと花をさかせつづけます。さきおわったところから、どんどんみができていくのです。

花がおちてすぐのころのみ。

だんだん、丸く大きくなって、

やがて、黒くなった。

ぜんたいは
どうなったかな？

9月24日
21週目

夏もおわり。オシロイバナぜんたいは、ちょっとくたびれたかんじになっている。

この時期になると、もうほとんど花はさきません。花はしぼんで、みだけになっています。

みをひとつとって、中を見てみよう

オシロイバナの花のあとにできたみは、やがて黒くなりました。
中はどうなっているのでしょうか。

この外がわの黒いところを……

切りとってみます。すると、中から茶色のものが出てきました。みの中にあったたねのもとが、こんなふうにそだったのです。

みの外がわのかたいからから、たねは、ぽろっとはずれました。

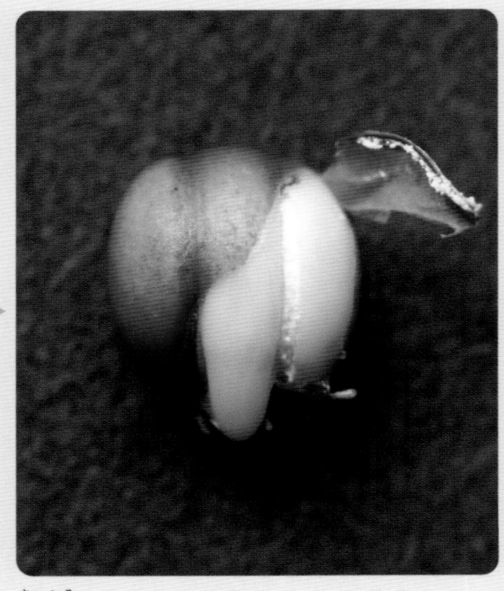

茶色のかわをむくと、

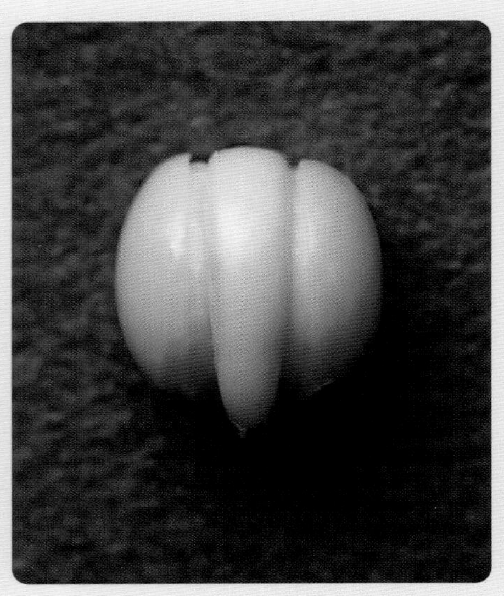

なにやら、クリーム色のものになりました。

クリーム色のものの中には、白いものが入っています。

クリーム色のものと、白いものにわけることができました。

この白いものは、**胚乳**といいます。たねからめを出すときにつかう栄養が入っています。

こちらは、**胚**といいます。

胚をちょいちょいっとひらくと……これは！

たねから出るさいしょのはっぱ、子葉（→6ページ）のかたちそのものです！

こんなふうに、
もうしっかり
つぎの子葉のじゅんびが
できているんだなあ！

オシロイバナ じっけんしつ

オシロイバナのオシロイあそび

29ページでとりだした白いもの（胚乳）をつかって、
オシロイあそびをしてみましょう！
むかしから、子どもたちのあいだでおこなわれてきたあそびです。

これを、

半分にします。

中の、白いもの（胚乳）をとりだします。

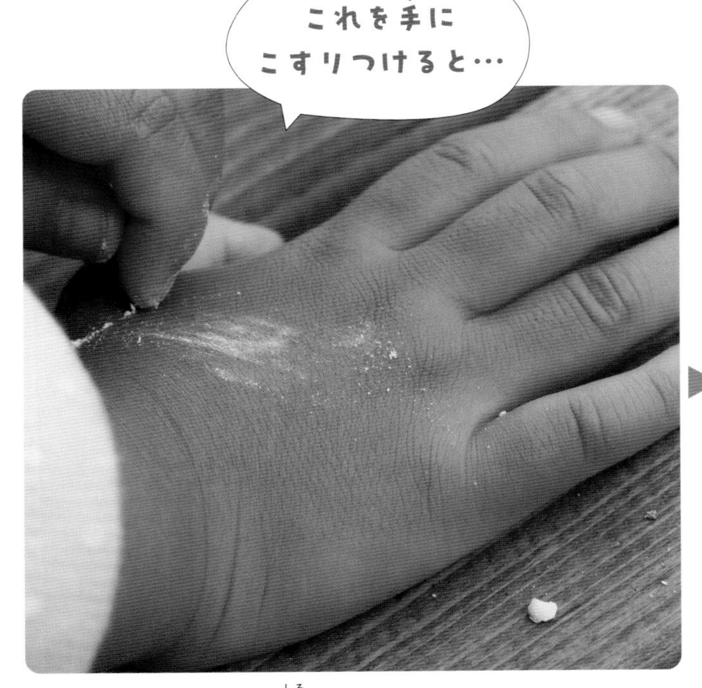

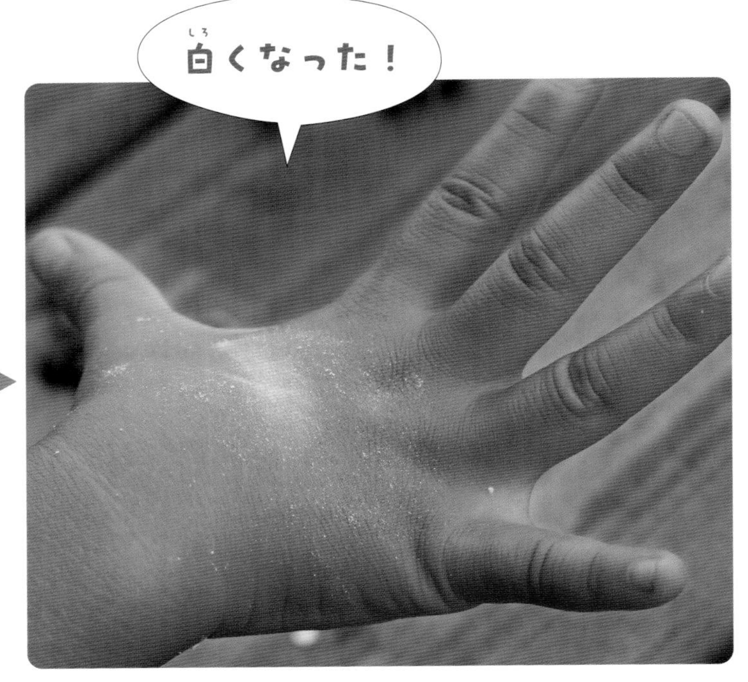

おけしょうではだを白くぬるのにつかう「おしろい」のように、白くすることができます。オシロイバナの名前は、ここからつけられています。

※注意：オシロイバナは、昔から子どもの遊びとしてよく使われてきましたが、全草有毒の植物です。決して口に入れないようにしてください。

はっぱにも、花にも、みにも、たねにも
いろんなひみつがあった、オシロイバナ。
また来年、うえてみよう。

たねをとっておく

① よくかわかす。
② ふうとうなど紙のふくろに入れて、
　すずしいところでとっておく。